Mammifères collectés par le Dr WL Abbott sur les îles Natuna ; Actes de l'Académie des sciences de Washington,

Vol. III, p. 111-138

Gerrit S.Miller

Writat

Cette édition parue en 2023

ISBN : 9789359250540

Publié par
Writat
email : info@writat.com

MAMMIFÈRES COLLECTÉS PAR DR. WL ABBOTT SUR LES ÎLES NATUNA.

PAR GERRIT S. MILLER, JR.

Au printemps et à l'été 1900, le Dr WL Abbott passa environ trois mois à explorer les îles Natuna dans la mer de Chine méridionale. [1] Des spécimens ont été collectés dans les localités suivantes : Pulo Midei , ou île basse (23-26 mai), Pulo Seraia (29 mai), île de Sirhassen (1er-10 juin), Pulo Subi (12-13 juin), Pulo Lingung (17-19 juin), Bunguran ou Great Natuna Island (24 juin-31 juillet) et Pulo Laut , ou île North Natuna (du 5 au 13 août). Environ 265 mammifères ont été obtenus, qui ont tous été présentés au Musée national des États-Unis. Cet article en contient un compte rendu et est publié ici avec la permission du secrétaire de la Smithsonian Institution.

Deux vastes collections de mammifères avaient été réalisées sur les îles Natuna avant la visite du Dr Abbott, la première par M. A. Everett en septembre et octobre 1893, la seconde par M. Ernest Hose en juillet, août, septembre et octobre. 1894. Ceux-ci ont constitué, en tout ou en partie, la base de plusieurs articles, [2] qui constituent la littérature relative aux mammifères des îles. [3] Vingt-huit mammifères terrestres ont été enregistrés comme étant réellement représentés par des spécimens, bien que plusieurs autres soient mentionnés dont les collectionneurs ont constaté l'existence. Le Dr Abbott a récupéré quarante-quatre espèces, mais n'a pas réussi à obtenir sept [4] de celles capturées précédemment. Le nombre total de mammifères collectés sur les îles devient ainsi cinquante et un. Cette augmentation est due, en partie, à la reconnaissance d'un plus grand nombre de formes insulaires que ce qui a été admis par les auteurs précédents, mais aussi dans une mesure considérable à l'adjonction d'espèces non capturées jusqu'à présent. Les espèces nouvelles dans ce dernier sens se distinguent dans le présent article par l'absence de référence aux mentions antérieures.

En ce qui concerne les relations fauniques des Natunas , qu'elles soient principalement bornées ou péninsulaires, sur lesquelles beaucoup a été écrit, [5] on peut dire que cette collection, ainsi qu'une grande partie des autres travaux récemment réalisés par le Dr Abbott, tendent à montrent qu'il existe une plus grande uniformité générale dans la faune mammifère de Bornéo, de la péninsule malaise et des îles intermédiaires qu'on ne l'avait supposé jusqu'à présent. Il ne semble donc pas rentable de proposer des conjectures quant à la probabilité d'une plus grande proximité des mammifères Natuna dans leur ensemble avec ceux de Bornéo ou avec ceux de la péninsule Malaise.

MANIS JAVANICA Desmarest .

1895. *Manis javanica* THOMAS et HARTERT , Novites Zoologicæ , II , p. 492.
Décembre 1895 (Bunguran).

Un mâle adulte a été capturé à Bunguran , le 24 juin 1900. Longueur totale
914 ; tête et corps 508 ; queue 406.

TRAGULUS BUNGURANENSIS sp. nov.

Taper. — Mâle adulte (peau et crâne) n° 104604 US National Museum.
Recueilli sur l'île de Bunguran , North Natunas , le 9 juillet 1900. Numéro
original, 547.

Personnages. — Modèle de couleur essentiellement comme chez *Tragulus
nigricans* Thomas, de Balabac . Taille égale à celle du *T. canescens* de la péninsule
Malaise, donc bien supérieure à celle de l' animal Balabac .

Couleur. — Dos ocre uniforme, devenant chamois sur les côtés, les poils sont
partout gris à la base. Le dos et les côtés sont partout assombris par des
pointes de poils noirs, mais ceux-ci ne sont jamais suffisamment abondants
pour produire une nuance sombre dépassant l'ochracé. La proportion relative
du lavis foncé par rapport au sous-colorant clair est exactement la même que
chez *Tragulus . canescens* et *T. napu* (de l'île Linga), mais le noir est moins visible
que dans la forme bornée de *T. napu* . Pattes, sauf la zone blanche sur la face
interne, comme le dos mais légèrement plus brillantes et moins ombrées de
noir. Toute la surface dorsale et latérale du cou est d'un noir clair jusqu'à la
base des poils, quelques taches ochracées visibles après un examen attentif,
en particulier sur les côtés près des marques de la gorge. Sur les épaules, cette
zone noire se fond brusquement dans la couleur du dos ; sur la tête, il passe
entre les oreilles et les yeux, presque jusqu'au museau. Joue, région entre l'œil
et l'oreille, et ligne s'étendant de l'œil au museau et séparant la bande médiane
noire de l'espace loral nu, ocre, essentiellement comme celle des pattes.
Marques sur la gorge comme chez *Tragulus nigricans* , mais rayures blanches
apparemment encore plus restreintes. Région occupée par des rayures
blanches postérieures noires, continues avec celle du cou, mais nettement
mouchetées d'ocre. Région occupée par des rayures antérieures ochracées,
continues avec celles des joues et un peu moins pures et plus mouchetées de
noir. Rayures blanches comme suit : (*a*) Une de chaque côté de la zone du
menton nu. Ceux-ci font environ 50 mm. de longueur et jamais plus de 10
mm. en largeur, mais parfois si étroite qu'elle se divise en deux ou plusieurs
points. Ils sont séparés de la mentonnière nue par une bande ocre légèrement
plus large que la blanche. Zone du menton étroitement et discontinuement
bordée de blanc, surtout devant. (*b*) Deux bandes latérales postérieures
variant de 50 mm. à 80 mm. de longueur, et jamais plus de 12 mm. large. Ils

sont fortement convergents vers l'avant et parfois presque réunis en avant par une tache médiane. Ces bandes blanches sont toujours séparées des bandes antérieures par une zone médiane ocre variant de 10 mm. à 25 mm. en largeur. (*c*) Une bande médiane située entre les bandes latérales postérieures. En arrière, cette bande est aussi large que les bandes latérales, mais elle se rétrécit rapidement et disparaît parfois au milieu de ces dernières, bien qu'elle soit généralement représentée à nouveau par la tache médiane déjà mentionnée. Dans aucun des spécimens, cette bande n'est large et continue en avant du niveau de l'avant des bandes latérales comme dans la figure de Nehring des marques de la gorge de *T. nigricans* . [6] Collier étroit, ocre grisonnant de noir. Elle dépasse rarement 25 mm. en largeur; donc beaucoup plus étroit que ne l'indique le chiffre de Nehring . Derrière le col se trouve une zone médiane gris blanchâtre continue latéralement avec une étroite bande claire sur la face interne des pattes antérieures. Cette zone claire est parfois divisée par une ligne médiane sombre reliant le col au chamois du ventre. Ventre et poitrine chamoisés, essentiellement semblables à ceux des côtés, avec lesquels il ne forme aucun contraste de couleur. Comme sur les côtés, le chamois est assombri par la pointe des cheveux noirs, mais les poils sont à peine, voire pas du tout, gris à la base. Sur la poitrine, les pointes des poils foncés ont tendance à former une bande médiane, parfois nettement définie et continue avec la ligne ochracée qui divise parfois le blanc de la poitrine. Une zone blanchâtre claire, légèrement plus grande et mieux définie que celle de la poitrine, occupe la région située entre les pattes postérieures. Il est continu avec une bande blanche sur la face intérieure des pattes postérieures. Cette bande est généralement divisée sur la cuisse par empiètement de l'ochracé environnant. Queue blanche et soyeuse en dessous et à l'extrémité, essentiellement comme le dos au-dessus.

Crâne. — Le crâne de *Tragulus bunguranensis* est tout à fait égale à celle de *T. canescens* en taille et dépasse nettement celle de la forme bornée de *T. napu* . Il est beaucoup plus gros que celui de *T. nigricans* , qui s'avère être une espèce de taille moyenne comme *T. rufulus* . Dans sa forme générale, le crâne s'accorde si étroitement avec celui du *Tragulus canescens* qu'il ne se distingue que par sa largeur relative légèrement plus grande et son auditif plus petit et moins gonflé. bulle . Comparé au crâne de *Tragulus nigricans* [7] , HYPERLINK "https://gutenberg.org/files/44705/44705-h/44705-h.htm" \l "Footnote_7_7" celui de *T. bunguranensis* est beaucoup plus grand (distance de l'arrière de l'occiput à l'avant de la canine 103 au lieu de 92, largeur zygomatique 53 au lieu de 45), et la boîte crânienne est plus visiblement striée. pour l'attachement musculaire. La partie du casse-tête immédiatement au-dessus de la racine postérieure du zygoma est plus visiblement gonflée. Sinon, je ne peux déceler aucune différence notable dans les crânes des deux animaux.

Dents. — Les dents sont uniformément plus grandes que celles du *Tragulus nigricans* , mais par leur forme elles ne présentent aucun caractère important. Par rapport à *T. canescens,* les prémolaires supérieures et inférieures sont visiblement plus robustes, un caractère dans lequel l' animal Bunguran est en accord avec la forme bornée de *Tragulus napu* .

Des mesures. — Mesures extérieures de type : longueur totale 647 ; tête et corps 571 ; vertèbres caudales 76 ; pied arrière 146 ; patte arrière sans sabots 128. Moyenne et extrêmes de cinq adultes de la localité type : longueur totale 643 (628-673) ; tête et corps 566 (558-584) ; vertèbres caudales 77 (70-89) ; patte arrière 142 (140-146) ; patte arrière sans sabots 126 (124-128).

Mesures crâniennes de type : plus grande longueur 114 ; longueur basale 107 ; longueur basilaire 100 ; longueur occipito -nasale 106 ; longueur des nasales 32 ; diastème 13 (9); [8] largeur zygomatique 52 (46) ; largeur interorbitale minimale 33 (28) ; plus grande largeur de casse-tête au-dessus de la base des zygomates 38 (33) ; mandibule 91 (78) ; rangée de dents maxillaire (alvéoles) 38 (34) ; rangée de dents mandibulaires (alvéoles) 44 (39) ; prémolaire supérieure antérieure 7 × 3,8 (6,4 × 3) ; prémolaire inférieure moyenne 7,2 × 3 (5,8 × 2,4).

Poids. — Poids du type 3,8 kg.; de deux autres mâles 3,6 kg. chaque. Deux femelles adultes pèsent respectivement 3,6 kg. et 4,2 kg.

Spécimens examinés. — Six, tous originaires de la localité type.

Remarques. —Tragulus _ *bunguranensis* est si distincte des autres espèces connues qu'elle ne nécessite aucune comparaison détaillée.

TRAGULUS sp.

Deux spécimens de l'île Sirhassen sont trop immatures pour être déterminés. Apparemment , ils représentent un membre du groupe *Napu* , allié à celui de Bornéo. Les marques de la gorge ne montrent aucune approche de celles de *Tragulus bunguranensis* .

TRAGULUS JAVANICUS (Gmelin).

1894. *Tragulus javanais* THOMAS et HARTERT , Novites Zoologicæ , I , p. 660. Septembre 1864 (Bunguran).

1895. *Tragulus javanais* THOMAS et HARTERT , Novites Zoologicæ , II , p. 492. Décembre 1895 (partie, spécimens de Bunguran).

Six spécimens de Bunguran .

TRAGULUS PALLIDUS sp. nov.

1895. *Tragulus javanais* THOMAS et HARTERT, Novites Zoologicæ, II, p. 492.
Décembre 1895 (partie, spécimen de Pulo Laut).

Taper. — Femelle adulte (peau et crâne) n° 104616 US National Museum.
Recueilli sur Pulo Laut, Îles Natuna du Nord, 11 août 1900. Numéro original
625.

Personnages. — Plus petit que *Tragulus javanicus* de Bornéo ou Bunguran et de
couleur très pâle. Opacification noire des parties supérieures peu visible, mais
bande sombre sur la nuque bien définie.

Couleur. — Dos et côtés légèrement ocre chamois partout assombris par les
pointes des cheveux noirâtres, mais celles-ci jamais en excès, sauf peut-être
au milieu du dos et dans la région lombaire. Flancs, épaules, cou, surface
externe des pattes et ligne étroite séparant la couleur des côtés de celle du
ventre ocre pâle. Bande de nuque noire claire, nettement définie par la
couleur des côtés mais s'estompant rapidement dans celle des épaules. Haut
de la tête brun foncé terne. Une légère bande pâle sur et devant l'œil.
Marquages normaux sur la gorge, bandes sombres comme sur le cou. Col
très étroit. Dessous des parties et surface intérieure des pattes blancs. Une
légère teinte jaunâtre au milieu du ventre. Queue blanche en dessous et à
l'extrémité, ocre légèrement nuancée de brun dessus.

Crâne. — Le crâne du type, bien que complètement adulte et avec toutes les
dents nettement usées, est plus petit que chez les spécimens de Bunguran, si
jeune que les molaires postérieures sont encore au-dessous du bord des
alvéoles. Cependant, sa forme ne présente aucune particularité marquée, bien
qu'en général il semble être un peu plus large, proportionnellement à sa
longueur, que celui de l' animal Bunguran.

Dents. — Dents comme chez les spécimens de *Tragulus javanicus* de Bunguran
, sauf que les prémolaires, tant au-dessus qu'au-dessous, sont plus courtes et
plus larges, différence qui peut s'avérer n'être qu'une particularité
individuelle.

Des mesures. — Mesures externes de type : Longueur totale 539 ; tête et corps
444 ; vertèbres caudales 95 ; patte arrière 107 ; patte arrière sans sabots 95.

Mesures crâniennes de type : Plus grande longueur 90 (94 [9]) ; longueur
basale 83 (87) ; longueur basilaire 78 (82) ; longueur occipito -nasale 83 (89);
longueur des nasales 25 (29,6); diastème 9,2 (9,8) ; largeur zygomatique 41,4
(40) ; largeur interorbitale minimale 26,4 (25); largeur du casse-tête sur les
racines des zygomates 29,4 (28,4) ; mandibule 72 (75) ; rangée de dents
maxillaire (alvéoles) 31,6 (34) ; première prémolaire supérieure 6,4 × 2,8 (7 ×
2,6) ; rangée de dents mandibulaires (alvéoles) 35,8 (38).

Spécimens examinés. — Un, le type.

Remarques. — C'est une forme pâle de *Tragulus javanicus* , une espèce qui montre apparemment très peu de tendance à se différencier en races locales. Les personnages du Pulo Les animaux Laut ont été signalés par Thomas et Hartert en 1895.

SUS NATUNENSIS sp. nov.

1894. *Sus* sp. THOMAS et HARTERT , Novites Zoologicæ , I , p. 660. Septembre 1894 (Bunguran).

1895. *Sus* sp. THOMAS et HARTERT , Novites Zoologicæ , II , p. 492. Décembre 1895 (Bunguran).

Taper. — Femelle adulte (peau et crâne) n° 104856 US National Museum. Recueilli sur Pulo Laut , Îles Natuna du Nord , 6 août 1900. Numéro original 609.

Personnages. — Extérieurement très semblable à la forme Tenasserim de *Sus cristatus* , mais plus petite ; corps brunâtre contrastant nettement avec les pattes et le visage noirs ; crâne visiblement plus court et plus large.

Fourrure. — La fourrure est entièrement constituée de poils sans mélange de poils plus doux. Les poils sont partout moins raides que chez le porc Tenasserim, mais la différence est plus sensible dans la crinière qui, quoique bien développée (environ 80 mm de longueur), est composée de poils très légèrement plus grossiers que ceux des parties environnantes. et ne dépassant pas la moitié du diamètre des poils correspondants chez les femelles de *S. cristatus* . Museau, poitrine, ventre et oreilles presque nus.

Couleur. — Couleur générale noire, claire et non mélangée de brun sur les pattes, la gorge et la face, mais ailleurs fortement recouverte de chamois brunâtre, en particulier sur le dos et les côtés. La teinte brunâtre cesse brusquement juste devant les oreilles, laissant le visage et les joues d'un noir clair. Une strie chamois terne bien visible de 100 mm. long et environ deux fois moins large au milieu, s'étend depuis l'angle de la bouche jusqu'au niveau du canthus postérieur de l'œil. Il est nettement délimité en haut par le noir des joues et en bas par celui du menton. Une légère marque chamoisée sous l'œil. Queue comme à l'arrière.

Crâne. — Le crâne, bien que beaucoup plus court que celui de *Sus cristatus* du Tenasserim, est en réalité plus large. En conséquence , la largeur des processus postorbitaux n'est contenue qu'environ trois fois dans la longueur occipito -nasale, contre près de quatre fois chez les espèces apparentées. De même, la largeur zygomatique dépasse légèrement la moitié de la longueur basilaire, tandis que chez *Sus cristatus* elle est inférieure à la moitié. Largeur du palais entre les molaires moyennes, presque exactement à un sixième de la distance entre le bord postérieur du palais et l'avant des prémaxillaires (mesurée le long de la ligne médiane). Chez *Sus cristatus*, la largeur palatine est contenue près de sept fois dans la même distance. Profil dorsal du crâne légèrement concave près de la base des nasales. Zygomates plus lourds et plus profonds que chez *Sus cristatus* . Audit bulles sensiblement plus petites et moins gonflées que chez le porc Tenasserim. Mandibule plus courte et beaucoup plus robuste que celle de *Sus cristatus* , le renflement extérieur de la branche un peu en arrière du milieu de la rangée de dents fortement accentué.

Dents. — Comme les dents des deux spécimens de *Sus natunensis* sont très usées, tandis que celles des seuls crânes de *Sus cristatus* disponibles ne sont pas complètement développées, il est impossible de faire des comparaisons précises. La plus petite taille des dents du porc Natuna est cependant évidente car la longueur de toute la rangée de dents supérieure n'égale pas celle de *S. cristatus* sans la molaire postérieure. La couronne de la molaire supérieure moyenne semble avoir un contour plus carré que celle du porc Tenasserim, mais dans l'état très différent des spécimens, il serait peu prudent de supposer que ce caractère est constant.

Des mesures. — Mesures externes de type ; longueur totale 1294 ; tête et corps 1117 ; vertèbres caudales 177 ; hauteur à l'épaule 558 ; patte arrière 220 (170); oreille du méat 100 ; largeur de l'oreille 75.

Mesure crânienne de type : plus grande longueur 295 (332 [10]) ; longueur occipito -nasale 282 (316); longueur basale 245 (275) ; longueur basilaire 235 (263) ; longueur des nasales 135 (157); largeur des deux nasaux ensemble en arrière 34 (33) ; longueur médiane du palais osseux 168 (183) ; largeur du palais osseux au milieu de la deuxième molaire 30 (29) ; largeur entre les extrémités des processus postorbitaux 87 (87) ; largeur interorbitale minimale 64 (65) ; largeur zygomatique 130 (133); largeur occipitale 58 (62); profondeur occipitale 100 (103) ; moindre profondeur du rostre entre la canine et l'incisive 33 (39) ; mandibule 225 (232) ; profondeur de la mandibule à travers le processus coronoïde 104 (110) ; profondeur de la branche montante devant la première molaire 40 (41) ; rangée de dents maxillaire jusqu'à l'avant de la canine (alvéoles) 113 (131 [11]) ; rangée de dents mandibulaire jusqu'à l'avant de la canine (alvéoles) 120 (138) ; couronne de la première molaire supérieure 12 × 13 (18 × 16) ; couronne de la deuxième molaire supérieure 18 × 18 (22 × 16).

Poids. — Poids du type, 40 kg.; poids d'une femelle adulte de Pulo Lingung , 35 kg.

Spécimens examinés. — Deux, un de Pulo Laut , l'autre de Pulo Lingung .

Remarques. — Bien que les deux spécimens soient d'accord sur tous les caractères essentiels, ils diffèrent par de nombreux détails mineurs. La peau de Pulo Lingung est un peu plus foncé que le type, mais la différence est due à la nuance du lavis brun et non à une extension du noir. Le crâne de ce spécimen est plus arrondi vers l'arrière que celui du type et le rostre est plus court. Les deux spécimens montrent de manière concluante que leurs relations sont avec le *Sus cristatus* de la péninsule malaise et non avec le *S. longirostris* de Bornéo, un cas qui trouve un parallèle exact chez les écureuils géants.

MUS INTEGER sp. nov.

Taper. — Mâle adulte (peau et crâne) n° 104837 US National Museum. Recueilli sur l'île Sirhassen , South Natunas , le 7 juin 1900. Numéro original 455.

Personnages. — Une grande espèce robuste à fourrure grossière mais non épineuse. Relations avec *Mus validus* Miller, de Trong , Bas-Siam, et *Mus mülleri* Jentink de Sumatra. Diffère du premier par une taille plus petite et par l'absence du tubercule antéro-externe de la dernière molaire supérieure, et du second par une taille plus grande et des parties inférieures brun jaunâtre (non blanches).

Couleur. — Dos et côtés un fin grisonnant de noir et d'ocre terne (la teinte exacte intermédiaire entre l'ocre et l'ocre chamois de Ridgway), les deux couleurs presque également mélangées sur le dos, mais l'ocre en excès sur les côtés . Parties inférieures et face interne des pattes chamoisées. Une ligne médiane gris terne mal définie allant de la gorge à la région pubienne. Tête plus foncée et plus brillante que le dos, les joues nettement lavées de gris. Lèvres et menton gris terne. Pieds d'un brun indéfini, plus foncés sur les métapodes. Oreilles essentiellement nues, brun foncé. Queue brun foncé partout. Sous-poil gris (Ridgway, pl. II , n° 8), devenant plus pâle sur les parties inférieures où il s'estompe irrégulièrement pour devenir chamois général.

Fourrure. — La fourrure est exactement comme chez *Mus validus* , c'est-à-dire que les poils rainurés sont si fins que leur véritable nature n'est pas apparente sans l'utilisation d'une lentille. Au milieu du dos, la masse de la fourrure est d'environ 17 mm. de longueur, les longs poils cylindriques dispersés à travers lui atteignent environ 30 mm. Sur le croupion, la fourrure est plus longue mais pas visible, et il n'y a pas d'augmentation notable de la longueur ou de l'abondance des poils noirs cylindriques.

Queue, pieds et mamelles . — Queue légèrement plus grossièrement écaillée que chez *Mus validus* ; 9 anneaux au centimètre au milieu. Poils à peine visibles sauf vers la pointe, où ils dépassent légèrement la largeur des anneaux.

Pieds lourds et robustes. Pouce court, avec un ongle plat et émoussé. Plantes et paumes nues, la première à six tubercules bien développés, la seconde à cinq.

Maman , p. 2—2, je . 2—2 = 8.

Crâne. —En apparence générale, le crâne de *Mus integer* ressemble à celui de *Mus validus* . [12] Il est plus court (la plus grande longueur est d'environ 51 au lieu de 55) et la tribune est relativement plus large et plus profonde. Audit Bulles de forme semblable à celles de *Mus validus* , mais à surface moins irrégulière. Région entre les bases antérieures des zygomates plus large que chez *Mus validus* , de sorte que les arcs sont plus presque parallèles.

Dents. — Les dents sont relativement et réellement plus petites que chez *Mus validus* et le motif de l'émail est normal, c'est-à-dire que la molaire supérieure postérieure est constituée de deux plis transversaux et d'un tubercule interne antérieur. Il n'y a aucune trace des tubercules externes supplémentaires de la dent correspondante de *Mus validus* .

Des mesures. —Mesures externes de type : longueur totale 463 ; tête et corps 235 [13] vertèbres caudales 228 ; [13] patte arrière 48 (45) ; oreille du méat 19 ; oreille de la couronne 15 ; largeur de l'oreille 15. Dans le topotype mâle adulte : longueur totale 462 ; tête et corps 234 ; [13] vertèbres caudales 228 ; [13] pied arrière 46 (44) ; oreille du méat 21 ; oreille de la couronne 16 ; largeur de l'oreille 16.

Mesures crâniennes de type : plus grande longueur 52 (55) ; [14] longueur basale 45 (48,6) ; longueur basilaire 41,6 (45,6) ; longueur palatine 23 (26) ; largeur minimale du palais entre les molaires antérieures 5 (5) ; diastème 14 (14,6) ; [15] longueur du foramen incisif 8 (9) ; largeur combinée des foramens incisifs 3 (3,6) ; longueur des nasales 21 (22,6); largeur combinée des nasales 6 (6,2); largeur zygomatique 25 (28); largeur interorbitale 8 (8); largeur mastoïdienne 19 (19); largeur du casse-tête au-dessus des racines des zygomates 18,8 (20) ; profondeur du casse-tête au bord antérieur du basi -occipital 12,8 (15) ; profondeur fronto-palatine à l'extrémité postérieure des nasaux 12,8 (13,4) ; profondeur minimale du rostre immédiatement derrière les incisives 10 (10) ; rangée de dents maxillaire (alvéoles) 9,6 (11) ; largeur de la molaire supérieure avant 3 (3) ; mandibule 30 (31) ; rangée de dents mandibulaires (alvéoles) 9 (10).

Spécimens examinés. — Quatre, trois de la localité type et un de Pulo Lingung .

Remarques. — Ce rat est probablement un proche parent du *Mus mülleri de Bornéo* de Thomas. [16] Le spécimen de Pulo Lingung ne diffère pas sensiblement des autres.

MUS SABANUS Thomas.

1887. *Mus sabanus* THOMAS , Ann. et Mag. Nat. Hist., 5e sér., XX , p. 270. Octobre 1887 (Mont Kina Balu , Bornéo).

1894. *Mus sabanus* THOMAS et HARTERT , Novites Zoologicæ , I , p. 658. Septembre 1894 (Bunguran).

Treize skins et un crâne supplémentaire, tous de Bunguran . Il y a peu de probabilité que ce rat soit le même que le vrai *Mus sabanus* de Bornéo.

MUS RAJAH Thomas.

1894. *Mus Hellwaldi* THOMAS et HARTERT , Novites Zoologicæ , I , p. 658. Septembre 1894 (Bunguran).

1894. *Mus Rajah* THOMAS , Ann. et Mag. Nat. Hist., 6e sér., XIV , p. 451. Décembre 1894 (Mount Batu Song, Bornéo).

1895. *Mus Rajah* THOMAS , Novite Zoologicæ , II , p. 26 février 1895 (Détermination révisée des spécimens de Bunguran).

Six spécimens (un dans l'alcool) de Bunguran , deux de Pulo Lingung , un de Pulo Laut , quatre (un en alcool) de Sirhassen et un (en alcool) de Pulo Midei . Il est douteux que ces séries se rapportent à une seule espèce ou que l'une d'entre elles soit le véritable *Mus rajah de Bornéo* . Le matériel n'est pas entièrement satisfaisant et je n'ai pas pu examiner de spécimens de Bornéo.

MUS NEGLECTUS Jentink.

1894. *Mus rattus* var. THOMAS et HARTERT , Novites Zoologicæ , I , p. 658. Septembre 1894 (Bunguran).

1895. *Mus négligés* THOMAS et HARTERT , Novites Zoologicæ , II , p. 492. Décembre 1895 (Bunguran).

Cinq spécimens de Pulo Lingung , un de Pulo Midei et neuf de Sirhassen . En l'absence de matériel bornéen, je suis comme Thomas et Hartert en faisant référence aux rats Natuna du type « *alexandrinus* » à *Mus négligés* .

SCIUROPTERUS EVERETTI Thomas.

1894. *Sciuropterus phayrei* THOMAS et HARTERT , Novites Zoologicæ , I , p. 660. Septembre 1894 (Bunguran).

1895. *Sciuropterus Everetti* THOMAS , Novite Zoologicæ , II , p. 27 février 1895 (Détermination révisée des spécimens de Bunguran).

1895. *Sciuropterus Everetti* THOMAS et HARTERT , Novites Zoologicæ , II , p. 490. Décembre 1895 (Bunguran).

Deux spécimens, tous deux provenant de Bunguran ; un mâle immature pris le 4 juillet et une femelle adulte prise le 21 juillet 1900.

PETAURISTA NITIDULA Thomas.

1894. *Ptéromys nitidus* THOMAS et HARTERT , Novites Zoologicæ , I , p. 660. Septembre 1894 (Bunguran).

1895. *Ptéromys nitidus* THOMAS et HARTERT , Novites Zoologicæ , II , p. 490. Décembre 1895 (Bunguran).

1900. *Pétauriste nitridule* THOMAS , Novite Zoologicæ , VII , p. 592. 8 décembre 1900 (Bunguran).

Sept spécimens de Bunguran .

SCIURUS PROCERUS sp. nov.

1894. *Sciurus tenuis* THOMAS et HARTERT , Novites Zoologicæ , I , p. 659. Septembre 1894 (Bunguran).

1895. *Sciurus tenuis* THOMAS et HARTERT , Novites Zoologicæ , II , p. 492. Décembre 1895 (Bunguran).

Taper. — Mâle adulte (peau et crâne) n° 104698 US National Museum. Recueilli sur l'île de Bunguran , North Natunas , le 18 juillet 1900. Numéro original 574.

Personnages. — Extérieurement semblable à *Sciurus tenuis* bien qu'un peu plus petit. Crâne beaucoup plus petit et relativement plus large que chez les espèces apparentées.

Couleur. — La couleur est exactement celle du *Sciurus tenuis* de Singapour.

Crâne et dents. — Sauf qu'il semble être plus large partout, par rapport à sa longueur, le crâne de *Sciurus procerus* est essentiellement une miniature de celui de *S. tenuis* , car le crâne ne montre aucune de la tendance à l'augmentation de la profondeur caractéristique de l'animal de Bornéo. Rapport entre la profondeur rostrale et la distance entre le milieu de l'interpariétal et le bord inférieur de la bulle auditive , 50. Ce rapport est de 49 chez *S. tenuis* .

Des mesures. — Mesures extérieures de type : longueur totale 235 ; tête et corps 140 ; vertèbres caudales 95 ; pied arrière 35 (33). Moyenne et extrêmes de quatre spécimens de la localité type : longueur totale 239,5 (235-247) ; tête et corps 140 ; vertèbres caudales 99,5 (95-107) ; patte arrière 35,2 (34-36,5) ; patte arrière sans griffes 32,9 (31,8-34).

Mesures crâniennes de type : plus grande longueur 34 (38); [17] longueur basale 28,6 (32) ; longueur basilaire 26 (29) ; longueur palatine 14,6 (16) ;

diastème, 7,6 (8,8) ; longueur des nasales 10,4 (11,4); plus grande largeur des nasaux 4,8 (5,6); largeur interorbitale 12 (12,6); largeur zygomatique 20,8 (21) ; plus grande largeur de casse-tête 17 (17,6) ; profondeur crânienne depuis le milieu de l'interpariétal jusqu'au bord inférieur de la bulle auditive 14 (15) ; profondeur minimale de la tribune 7 (7.2) ; mandibule, 20 (21) ; rangée de dents maxillaire (alvéoles) 6 (7); rangée de dents mandibulaires (alvéoles), 6 (7).

Spécimens examinés. — Six, tous originaires de la localité type.

Remarques. — Cette espèce se distingue immédiatement de ses alliés par son petit crâne, à peine plus grand que celui de *Funambulus Macclellandi* .

SCIURUS NATUNENSIS (Thomas).

1894. *Sciurus lowi* THOMAS et HARTERT , Novites Zoologicæ , I , p. 659. Septembre 1894 (Sirhassen).

1895. *Sciurus lowi natunensis* THOMAS , Novite Zoologicæ , II , p. 26 février 1895 (détermination révisée du spécimen de Sirhassen).

1895. ? *Sciurus lowi natunensis* THOMAS et HARTERT , Novites Zoologicæ , II , p. 491. (Bunguran et Pulo Laut .)

Quatre spécimens de Sirhassen . Les mesures moyennes et extrêmes sont les suivantes : longueur totale 222 (215-229) ; tête et corps 135 (133-140) ; vertèbres caudales 86 (82-89) ; patte arrière 33,6 (33-35) ; patte arrière sans griffe 31,5 (30,5-32).

SCIURUS LINGUNGENSIS sp. nov.

1895. ? *Sciurus lowi natunensis* THOMAS et HARTERT , Novites Zoologicæ , II , p. 491. (Bunguran et Pulo Laut .)

Taper. — Mâle adulte (peau et crâne) n° 104693 US National Museum. Recueilli sur Pulo Lingung au large de l'extrémité sud de Bunguran , îles Natuna du Nord , 19 juin 1900. Numéro original 494.

Personnages. — Extérieurement semblable à *Sciurus natunensis* (Thomas), mais légèrement plus grand (pied postérieur avec griffes 36 au lieu de 33,6). Crâne plus grand que celui de *S. natunensis* , l' auditif bulle beaucoup plus large en avant.

Couleur. — La couleur est exactement celle de *Sciurus natunensis* et ne nécessite donc aucune description détaillée.

Crâne. — Crâne plus grand que celui de *Sciurus natunensis* (voir mesures) mais non différent dans sa forme générale. L' audit Les bulles se distinguent cependant facilement par le développement beaucoup plus important du lobe interne antérieur. Chez *Sciurus natunensis,* ce lobe est si petit qu'il ne fait presque pas partie du contour général de la bulle. Chez *S. lingungensis*, il est presque égal au lobe externe antérieur, avec lequel il confère un contour nettement triangulaire à la face ventrale de la bulle.

Des mesures. — Mesures extérieures de type : longueur totale 229 ; tête et corps 140 ; vertèbres caudales 89 ; patte arrière 36 (33,7); oreille du méat 12 ; oreille de la couronne 7. Un deuxième spécimen de la localité type donne exactement les mêmes mesures.

Mesures crâniennes de type : plus grande longueur 38 (36) ; [18] longueur basale 33 (31) ; longueur basilaire 30 (29) ; longueur palatine 17 (16) ; plus grande longueur des nasaux 11 (10); plus grande largeur des deux nasales ensemble 5 (5); largeur interorbitale 12 (11,4); largeur zygomatique 22,4 (20) ; largeur mastoïde 17 (16,6); profondeur du casse-tête au bord antérieur du basi -occipital 13,6 (13) ; mandibule 23 (22) ; rangée de dents maxillaire (alvéoles) 6,4 (7) ; rangée de dents mandibulaires (alvéoles) 7 (7).

Spécimens examinés. — Deux, tous deux issus de la localité type.

Remarques. — Alors que *Sciurus lingungensis* se distingue à peine de *S. natunensis* par les seuls caractères externes, la taille du crâne et la forme de l' oreillette auditive. les bulles sont clairement diagnostiques. Les deux espèces des Natunas sont séparées du Bornéo *S. lowi* Thomas par leurs oreilles bien développées et leur partie rostrale plus courte et plus large du crâne.

SCIURUS LUTESCENS sp. nov.

1894. *Sciurus notatus* THOMAS et HARTERT , Novites Zoologicæ , I , p. 659.
 Septembre 1894 (partie, spécimens de Sirhassen).

Taper. — Mâle adulte (peau et crâne) n° 104668 US National Museum. Recueilli sur l'île Sirhassen , South Natunas , le 3 juin 1900. Numéro original 429.

Personnages. — Allié à *Sciurus notatus* , mais considérablement plus petit que le représentant bornéen de l'espèce. Couleurs très pâles, les parties inférieures chamois ou crème-chamois (Ridgway, pl. v, nos. 13 et 11) irrégulièrement teintées de gris.

Couleur. — Sur toute la surface dorsale du corps et de la queue, un fin grison noir et chamois crème, les poils individuels noirs avec deux ou trois anneaux chamois crème. Sur la queue, le grison est moins fin que sur le dos, et il montre une légère tendance à se résoudre en bandes croisées obscures. Sur les côtés du corps et sur la tête, le chamois crème devient chamois. Joues et museau chamois, à peine grisonnants. Pieds légèrement plus jaunes que les côtés, le dessous et la surface interne des pattes sont chamois pâle, les plus pâles en avant et latéralement (là où ils correspondent à peu près au chamois crème de Ridgway) les plus brillants le long de la ligne médiane. Dessous de la queue ocre-chamois terne légèrement grisonnant de noir. Crayon non différent du reste de la queue. Entre les couleurs des flancs et du ventre se trouvent les rayures longitudinales habituelles. L'extérieur de ceux-ci mesure environ 5 mm. en largeur et de couleur crème-chamois. L'intérieur est environ deux fois plus large et noir, mais très obscurci par une épaisse couche de poils gris bleuâtres. La surface externe des oreilles est concolore avec le cou, la surface interne comme les joues. Les poils gris bleuâtres sur les côtés du ventre s'étendent irrégulièrement vers l'avant jusqu'à l'aisselle et à l'intérieur de la patte avant, parfois jusqu'à la gorge et au menton.

Crâne. — Comparé à la forme bornée de *Sciurus notatus*, le crâne de *S. lutescens* est beaucoup plus petit (la plus grande longueur est d'environ 45 au lieu de 50), le rostre est relativement plus court et plus large, et l' auditif les bulles sont moins allongées antéro-postérieurement. Dents comme chez *Sciurus notatus* sauf qu'elles sont uniformément plus petites.

Des mesures. — Mesures extérieures de type : longueur totale 355 ; tête et corps 177 ; vertèbres caudales , 177 ; pied arrière 45 (41). Moyenne et extrêmes de six spécimens de la localité type : longueur totale 356 (329-375) ; tête et corps 186 (177-196) ; vertèbres caudales 170 (152-178) ; patte arrière 43,8 (41-45) ; patte arrière sans griffes 40,7 (39-42).

Mesures crâniennes de type : plus grande longueur 45,4 (50,4) [19] ; longueur basale 39 (43) ; longueur basilaire 36,4 (41) ; longueur palatine 20 (23) ; largeur palatine entre les molaires moyennes 6 (6) ; plus grande longueur des nasales 13 (14,8); plus grande largeur des deux nasales ensemble 6,6 (7); largeur interorbitale 15,4 (17); largeur mastoïde 21 (21); largeur zygomatique 26 (29); profondeur du casse-tête au bord antérieur du basi -occipital 16 (16,8) ; mandibule 28 (30) ; rangée de dents maxillaire (alvéoles) 8 (9); rangée de dents mandibulaires (alvéoles) 8 (9).

Spécimens examinés. — Sept (un dans l'alcool), tous originaires de la localité type.

Remarques. — Cet écureuil est reconnaissable parmi les membres du groupe *S. notatus* par ses couleurs claires, et particulièrement par la pâleur des parties inférieures. Dans cette dernière caractéristique, il est approché par la forme habitant Pulo Laut , mais à cette exception près, il est unique parmi les espèces fauves à ventre. Les six spécimens ne présentent aucune variation digne de mention.

SCIURUS SERAIÆ sp. nov.

Taper. — Mâle adulte (peau et crâne) n° 104660 US National Museum. Recueilli sur Pulo Seraia , îles Natuna du Sud , 29 mai 1900. Numéro original 415.

Personnages. — Le plus proche est le petit *Sciurus lutescens pâle* de l'île Sirhassen , mais les parties supérieures sont légèrement moins pâles, et les parties inférieures et la bande latérale pâle sont jaune chamois, la première sans mélange de gris.

Couleur. — Parties supérieures comme chez *Sciurus lutescens* sauf que les bandes pâles sur les poils sont plus chamois que chamois crème. Queue essentiellement comme chez *S. lutescens* mais un peu moins pâle. Le dessous des parties est jaune chamois s'assombrissant irrégulièrement jusqu'à l'orange chamois terne. Bande latérale sombre large et bien définie.

Crâne. — Le crâne s'accorde étroitement avec celui de *Sciurus lutescens* tant par la taille que par la forme, bien qu'il soit peut-être encore plus large proportionnellement à sa longueur. Dents comme chez *S. lutescens* .

Des mesures. — Mesures extérieures de type : longueur totale 368 ; tête et corps 197 ; vertèbres caudales 171 ; pied arrière 44 (40). Moyenne et extrêmes de quatre spécimens de la localité type : longueur totale 347 (323-368) ; tête et corps 184 (171-197) ; vertèbres caudales 163 (152-171) ; patte arrière 43,7 (43-45) ; patte arrière sans griffes 40,1 (39,5-41).

Mesures crâniennes de type : plus grande longueur 45 ; longueur basale 38,6 ; longueur basilaire 36 ; largeur zygomatique 26,4 ; largeur interorbitale minimale 17 ; mandibule 28 ; rangée de dents maxillaire (alvéoles) 8,6 ; rangée de dents mandibulaires (alvéoles) 8.6.

Spécimens examinés. — Quatre, tous originaires de la localité type.

Remarques. — Comme on pouvait s'y attendre compte tenu de la position géographique de l'île qu'il habite, *Sciurus seraiæ* diffère du Bornéo *S. notatus* à peu près de la même manière que le représentant Sirhassen du groupe. Il se distingue facilement de l' animal Sirhassen par la couleur différente des parties inférieures. En couleur, *Sciurus seraiæ* ressemble beaucoup à *S. abbottii* des îles Tambelan . Ce dernier est cependant un animal beaucoup plus gros, avec un crâne plus long et relativement plus étroit.

SCIURUS RUTILIVENTRIS sp. nov.

Taper. — Mâle adulte (peau et crâne) n° 104658 US National Museum. Recueilli sur Pulo Midei (Low Island), îles South Natuna , 24 mai 1900. Numéro original 405.

Personnages. — Taille légèrement supérieure à celle de *Sciurus lutescens* et *de S. seraiæ* , mais non égale à celle des représentants de Bornéo ou de Bunguran de *S. notatus* . Couleur ci-dessus comme dans *S. seraiæ* . Dessous des parties clair-orange-roux clair.

Couleur. — Couleur exactement comme chez *Sciurus seraiæ* sauf que la bande latérale pâle est chamois crème clair et les parties inférieures sont roux orange vif. Queue sans trace de suffusion rouge.

Crâne et dents. — Le crâne et les dents sont un peu plus grands que chez *Sciurus lutescens* et *S. seraiæ*, mais la différence est à peine tangible.

Des mesures. — Mesures extérieures de type : Longueur totale 368 ; tête et corps 190 ; vertèbres caudales 178 ; pied arrière 45 (41). Moyenne et extrêmes de sept spécimens de la localité type : longueur totale 356 (330-368) ; tête et corps 186 (178-190) ; vertèbres caudales 173 (165-184) ; patte arrière 45,5 (43-48) ; patte arrière sans griffes 42,2 (39,5-45).

Spécimens examinés. — Sept, tous de la localité type.

Remarques. — Cet écureuil est remarquable parmi les membres Natuna du groupe *S. notatus* par la couleur brillante de ses parties inférieures. À cet égard, elle surpasse toutes les formes apparentées que je connais. La couleur rouge est cependant strictement confinée au corps et ne montre aucune tendance à s'étendre à la queue comme chez *S. miniatus* de la péninsule malaise.

SCIURUS RUBIDIVENTRIS sp. nov.

1894. *Sciurus notatus* THOMAS et HARTERT, Novites Zoologicæ, I, p. 659. Septembre 1894 (partie, spécimens de Bunguran).

1895. *Sciurus notatus* THOMAS et HARTERT, Novites Zoologicæ, II, p. 491. Décembre 1895 (partie, spécimens de Bunguran).

Taper. — Femelle adulte (peau et crâne) n° 104671 US National Museum. Recueilli sur l'île de Bunguran, North Natunas, le 22 juin 1900. Numéro original 498.

Personnages. — Taille et aspect général au-dessus et au-dessous comme dans la forme bornée de *Sciurus notatus*, mais le rouge des parties inférieures est plus brillant, et les joues et le menton sont nettement moins fauves que les parties environnantes. Crâne avec une boîte crânienne plus large et plus profonde que chez l'animal de Bornéo.

Couleur. — La couleur ressemble si étroitement à celle du Bornéo *Sciurus notatus* qu'aucune description détaillée n'est nécessaire. Dessous les parties sont ocre-roux, devenant fauve sur la gorge, partout plus clair et plus teinté de rouge que chez l'animal de Bornéo. Chez ces derniers, la couleur des parties inférieures s'étend jusqu'aux lèvres et imprègne également fortement les joues et les côtés de la tête qui ne sont qu'un peu plus bruns que la gorge et visiblement plus fauves que le haut de la tête et les côtés du cou. Chez *Sciurus rubidiventris,* les joues et les lèvres sont visiblement imprégnées de gris, de sorte qu'elles forment un contraste distinct avec la gorge , le dessus de la tête et les côtés du cou.

Crâne. — Le crâne correspond en général en taille à celui de l'animal de Bornéo, et est donc beaucoup plus grand que chez les trois espèces du Sud Natunas . Il se distingue par une plus grande largeur générale et par la profondeur de la boîte crânienne, qui dépasse sensiblement celle de *S. notatus* .

Des mesures. — Mesures extérieures de type : longueur totale 380 ; tête et corps 209 ; vertèbres caudales 171 ; pied arrière 49 (44,5). Moyennes et extrêmes de sept spécimens de la localité type : longueur totale 378 (368-393) ; tête et corps 208 (203-222) ; vertèbres caudales 173 (165-184) ; patte arrière 49,3 (48-50) ; patte arrière sans griffes 45,7 (44,5-47).

Mesures crâniennes de type : plus grande longueur 52,4 (50,4) ; [20] longueur basale 44 (43) ; longueur basilaire 41 (41) ; longueur palatine 23 (23) ; largeur palatine entre les molaires moyennes 6 (6) ; plus grande longueur des nasales 15 (14,8); plus grande largeur des deux nasales ensemble 7,2 (7); largeur interorbitale 18,2 (17); largeur mastoïde 23 (21); largeur du casse-tête au-dessus des racines des zygomates 24 (22) ; largeur zygomatique 30,4 (29) ; profondeur du casse-tête au bord antérieur du basi -occipital 17,8 (16,8) ; mandibule 29 (30) ; rangée de dents maxillaire (alvéoles) 9 (9); rangée de dents mandibulaires (alvéoles) 9 (9).

Spécimens examinés. — Sept, tous de la localité type.

Remarques. — Tant par sa taille que par sa couleur générale, cet écureuil ressemble plus au représentant bornéen du groupe qu'à l'une ou l'autre des trois formes des Natunas du Sud . Ses relations, cependant, semblent être plutôt avec la race habitant l'île de Singapour qu'avec l'un de ses alliés géographiques proches, à l'exception de *Sciurus lautensis* .

SCIURUS LAUTENSIS sp. nov.

1895. *Sciurus notatus* THOMAS et HARTERT , Novites Zoologicæ , II , p. 491. Décembre 1895 (partie, spécimens de Pulo Laut).

Taper. — Femelle adulte (peau et crâne) n° 104683 US National Museum. Recueilli sur Pulo Laut , îles North Natuna , 6 août 1900. Numéro original 612.

Personnages. — Taille légèrement inférieure à celle de *Sciurus rubidiventris* et couleur nettement pâle. Parties supérieures comme chez *S. lutescens* ; parties inférieures presque comme chez *S. seraiæ* mais plutôt moins ternes ; bande latérale pâle beaucoup moins jaune que le ventre. Crâne comme chez *Sciurus rubidiventris* .

Couleur. — Parties supérieures et queue comme chez *Sciurus lutescens* . Joues légèrement lavées d'ocre chamois. Le dessous des parties et la surface interne des pattes sont ocre-chamois brillant (nettement plus jaune que le pl. V de Ridgway, n° 10). Rayures latérales comme chez *S. lutescens* (pas nettement jaunâtres comme chez *S. seraiæ*), mais bande noire généralement moins parsemée de gris. A peine une trace de gris dans la région axillaire ou sur les côtés du cou.

Crâne. — Le crâne ressemble en tous points à celui de *S. rubidiventris,* sauf qu'il est légèrement plus petit. Sa grande taille et les grandes dents correspondantes le distinguent facilement de celle de l'espèce South Natuna .

Des mesures. — Mesures extérieures de type : longueur totale 375 ; tête et corps 195 ; vertèbres caudales 180 ; pied arrière 44 (41). Moyenne et extrêmes de neuf spécimens de la localité type ; longueur totale 363 (355-379) ; tête et corps 189 (171-196) ; vertèbres caudales 170 (165-183) ; patte arrière 45 (44-46) ; patte arrière sans griffes 42 (41-43).

Spécimens examinés. — Dix (un dans l'alcool), tous originaires de la localité type.

Remarques. — Bien que sa couleur suggère deux des petits écureuils de South Natuna , *Sciurus lautensis* est évidemment apparenté à la forme Bunguran de couleur foncée , avec laquelle il est plus proche en taille.

NAVIGATEUR SCIURUS (Bonhote).

1894. *Sciurus prévostii* THOMAS et HARTERT , Novites Zoologicæ , I , p. 656. Septembre 1894 (Sirhassen).

1901. *Navigateur Sciurus prevostii* BONHOTE , Ann. et Mag. Nat. Hist., 7e sér., VII , p. 171. Février 1901 (Sirhassen).

Neuf spécimens, trois de l'île Sirhassen et six de Pulo Subi .

Ceux de Pulo Les Subi , tout en étant d'accord avec les topotypes en couleur, semblent en moyenne un peu plus petits, bien que la série soit à peine assez étendue pour prouver que cela est constant.

RATUFA SIRHASSENENSIS (Bonhote).

1894. *Sciurus bicolore albiceps* THOMAS et HARTERT , Novites Zoologicæ , I , p. 659. Septembre 1894 (Sirhassen).

1900. *Ratufa ephippium sirhassenensis* BONHOTE , Ann. et Mag. Nat. Hist., 7e sér., V , p. 498. Juin 1900 (Sirhassen).

Deux spécimens, Sirhassen , 8 juin 1900.

Cette espèce, bien que apparentée à *Ratufa ephippium* , avec laquelle elle s'accorde par sa palette de couleurs, se différencie nettement par sa petite taille et ses particularités crâniennes. Il n'est en aucun cas étroitement lié à *Ratufa bunguranensis* et *R. nanogigas* .

Par rapport à celui de *Ratufa ephippium sandakanensis* Bonhote , le crâne outre sa petite taille (plus grande longueur 57 au lieu de 65) se distingue par l'étroitesse générale, par la largeur relativement plus grande des branches nasales des prémaxillaires, et par la forme de l'audition . bulle . Lorsque le crâne est tenu à l'envers et vu de derrière, les bulles paraissent plus étroites que chez l'animal de Bornéo et s'élèvent à une hauteur beaucoup plus grande au-dessus de la surface de la basi -occipitale.

RATUFA BUNGURANENSIS (Thomas et Hartert).

1894. *Sciurus bicolor bunguranensis* THOMAS et HARTERT , Novites Zoologicæ , I , p. 658. Septembre 1894 (Bunguran).

1895. *Sciurus bicolor bunguranensis* THOMAS et HARTERT , Novites Zoologicæ , II , p. 491. Décembre 1895 (Bunguran).

1900. *Ratufa éphippium bunguranensis* BONHOTE , Ann. et Mag. Nat. Hist., 7e sér., V , p. 497. Juin 1900.

Treize spécimens de Bunguran , tous à différents stades du passage du pelage d'hiver blanchi au pelage d'été. Dans ce dernier cas, il y a une certaine variation de couleur, principalement due à la plus ou moins netteté du lavis terne recouvrant le brun Prouts ou « chocolat » des parties supérieures. Non seulement la quantité de terne varie selon les individus, mais sur chaque spécimen , elle est plus visible lorsque l'animal est vu de face. Le lavage terne est du même caractère que celui de *Ratufa affinis* , bien que moins visible.

Comme M. Thomas me l'a fait remarquer, après avoir examiné un spécimen de ce dernier, *Ratufa bunguranensis* est étroitement apparenté à *R. pyrsonota* . En effet, sa relation avec l'espèce siamoise est beaucoup plus étroite qu'avec le *R. ephippium* de Bornéo. Avec *R. pyrsonota* , l' écureuil géant de Bunguran diffère sensiblement de celui de Bornéo par son crâne étroit, son auditif allongé bulle , pattes foncées, ligne médiane foncée sous la surface de la queue et dos entièrement brun. De *R. pyrsonota* , cependant, il est facilement séparable par sa couleur plus foncée, moins ochracée au-dessus et en dessous, terne délavée, et par l'annulation beaucoup moins distincte des poils de la surface dorsale.

RATUFA NANOGIGAS (Thomas et Hartert).

1895. *Sciurus bicolor nanogigas* THOMAS et HARTERT , Novites Zoologicæ , II , p. 491. Décembre 1895 (Pulo Laut).

1900. *Ratufa éphippium nanogigas* BONHOTE , Ann. et Mag. Nat. Hist., 7e sér., V , p. 498. Juin 1900 (Pulo Laut).

Quatre spécimens, tous de Pulo Laut , la localité type.

Cette espèce naine fortement caractérisée est alliée à *Ratufa pyrsonota* et *R. bunguranensis* avec lesquels il s'accorde dans la palette de couleurs. Il n'est en aucun cas étroitement apparenté au grand *R. ephippium de Bornéo* .

RATUFA ANGUSTICEPS sp. nov.

Taper. — Mâle adulte (peau et crâne) n° 104646 US National Museum. Recueilli sur Pulo Lingung , au large de la côte sud de Bunguran , 17 juin 1900. Numéro original 481.

Personnages. — Extérieurement comme *Ratufa anambæ* et *R. melanopepla* . Crâne à peu près égal à celui de ce dernier en longueur, mais visiblement plus étroit.

Couleur. — Comme la couleur est précisément celle de *Ratufa anambæ* et *R. melanopepla* , elle ne nécessite aucune description.

Crâne et dents. — Le crâne est immédiatement reconnaissable à son étroitesse générale, mais particulièrement au niveau des racines zygomatiques antérieures. Rapport entre la largeur lacrymale et la plus grande longueur : 39. Chez les autres espèces à dos noir, il est d'environ 42 . les bulles sont plus étroites et plus allongées que chez *R. melanopepla* , et plus élevées au-dessus du niveau de la basi -occipital (lorsque le crâne est tenu à l'envers). Processus latéraux du basi -occipital obsolètes.

Dents comme chez les espèces apparentées.

Des mesures. — Mesures extérieures de type : longueur totale 748 ; tête et corps 342 ; vertèbres caudales 406 ; pied arrière 79 (74).

Mesures crâniennes de type : plus grande longueur 48,6 (70) ; [21] longueur basale 57 (59) ; longueur basilaire 52 (53) ; diastème 15,6 (16) ; longueur des nasales 22 (23,4); largeur des nasaux en avant 12 (13) ; largeur des nasaux en arrière 6 (7) ; largeur interorbitale 27 (28); largeur lacrymale 28,4 (31) ; largeur entre les extrémités des processus postorbitaux 38 (41) ; largeur zygomatique 41 (44); largeur mastoïde 31 (32,6); mandibule 40 (41,6) ; rangée de dents maxillaire (alvéoles) 14 (14); rangée de dents mandibulaires (alvéoles) 14,6 (14,4).

Spécimens examinés. — Un, le type.

Remarques. — Bien que cet écureuil ressemble exactement aux autres espèces à dos noir et aux oreilles non touffues, en ce qui concerne les caractères externes, il semble être bien différencié par les particularités crâniennes. Aucun *Ratufa à dos noir* n'a jusqu'à présent été enregistré dans les Natunas .

RHINOSCIURUS sp.

Un écureuil immature au long nez a été capturé sur l'île Sirhassen , le 4 juin 1900. En l'absence de matériel de comparaison, je ne suis pas en mesure de déterminer l'espèce. Le genre est nouveau dans les îles.

ARCTOGALIDIA INORNATA sp. nov.

Taper. — Adulte [22] mâle (peau et crâne) n° 104859 US National Museum. Recueilli sur l'île de Bunguran , North Natunas , le 23 juin 1900. Numéro original 502.

Personnages. — Beaucoup plus petit *qu'Arctogalidia leucotis* de la péninsule Malaise ou *A. stigmatica* de Bornéo (plus grande longueur de crâne environ 100 au lieu de 115) et de couleur plus pâle que l'un ou l'autre, les rayures dorsales sombres étant obsolètes chez l'adulte.

Couleur. — Couleur générale du dos et des côtés gris argenté clair, irrégulièrement imprégné de chamois et légèrement assombri par la pointe des poils noirâtres et par l'apparence à la surface de la partie basale de la fourrure brun poil. La suffusion chamois est la moins visible sur le dos, légèrement plus apparente sur les côtés et les flancs, et plus évidente sur les côtés du cou, où elle s'éclaircit généralement presque jusqu'au jaune chamois, contrastant nettement avec les parties environnantes. Au milieu du dos, il y a une trace de la bande médiane sombre des trois normalement présentes chez les membres du genre. Tête essentiellement comme le dos bien qu'un peu plus grise . Museau et cercle oculaire mal définis noirâtres. Joues et courte bande médiane sur le front gris blanchâtre terne. Dessous des parties essentiellement comme le dos, mais teinte chamois plus diffuse. Pieds et oreilles brun foncé. Queue semblable au dos mais devenant brun uniforme au-delà du milieu.

Les jeunes nouveau-nés sont gris bleuâtre clair, avec à peine une teinte chamois. Les trois bandes dorsales noires sont clairement définies et d'étendue normale.

Crâne. — En plus de sa plus petite taille, le crâne diffère de celui de l' *Arctogalidia de Bornéo stigmatica* dans la boîte crânienne relativement plus grande et auditive moins proéminente bulle . Le casse-tête est presque aussi large que chez l'espèce de Bornéo, mais la largeur zygomatique est nettement moindre. Audit les bulles sont moins élevées au-dessus du niveau basi - occipital lorsque le crâne est tenu à l'envers et vu de derrière. La crête sagittale, bien que de développement normal chez les individus très âgés, est absente à un âge où elle est bien développée chez les espèces plus grandes. À *Arctogalidia leucotis* et *A. stigmatica* , même chez les animaux si jeunes que les dents ne sont pas portées et que toutes les sutures du rostre sont clairement visibles, la crête sagittale est une crête en forme de couteau s'étendant du proencéphale à la suture lambdoïde et s'élevant jusqu'à une hauteur d'environ 4 mm. au milieu du casse-tête. Chez les individus beaucoup plus âgés d' *A. inornata* , avec des dents usées et des sutures rostrales presque oblitérées, la crête est représentée par une crête basse d'environ 5 mm. large au milieu du coffret et plat ou rainuré sur le dessus. A ce stade, il s'élève très discrètement au-dessus du niveau de la surface adjacente, dont il se distingue plus par la texture de l'os que par sa forme réelle.

Dents. — Les dents sont uniformément beaucoup plus petites que chez *Arctogalidia leucotis* et *A. stigmatica* , mais je ne détecte aucune différence de forme importante.

Des mesures. — Mesures extérieures de type : longueur totale 1027 ; tête et corps 469 ; vertèbres caudales 558 ; patte arrière 78 (73.) Mesures externes d'une femelle adulte : longueur totale 911 ; tête et corps 431 ; vertèbres caudales 480 ; pied arrière 77 (72).

Mesures crâniennes de type : plus grande longueur 102 (115) ; [23] longueur basale 96 (106) ; longueur basilaire 92 (103) ; longueur palatine médiane 53 (60) ; largeur palatine entre les molaires antérieures 13 (15,4) ; largeur zygomatique 55 (60); largeur entre les extrémités des processus postorbitaux 41 (39) ; constriction devant les processus postorbitaux 19 (18); constriction derrière les processus postorbitaux 13 (12); largeur du casse-tête au-dessus des racines des zygomates 32 (33) ; largeur mastoïde 36 (38); mandibule 76 (86) ; rangée de dents maxillaire (à l'exclusion des incisives) 34 [24] (41) ; rangée de dents mandibulaires (à l'exclusion des incisives) 39 (44) ; couronne de la première molaire supérieure 5,4 × 5 (5,4 × 5,6) ; couronne de la deuxième molaire supérieure 4 × 5 (5,4 × 6,4) ; couronne de la deuxième molaire inférieure 7 × 4,2 (8,4 × 5,4).

Spécimens examinés. — Sept (deux jeunes dans l'alcool et un crâne sans peau), tous originaires de la localité type.

Remarques. — *Arctogalidie inornata* est si distincte des espèces décrites précédemment qu'elle ne nécessite aucune comparaison particulière. Il est commun à Bunguran où il fréquente les cocotiers , vivant principalement au sommet des tiges des feuilles.

VIVERRA TANGALUGA Gris.

1895. *Viverra Tangalunga* THOMAS et HARTERT , Novites Zoologicæ , II , p. 490. Décembre 1895 (Bunguran).

Neuf spécimens de Bunguran . Ceux-ci s'accordent en tous points avec l'animal de Bornéo.

TUPAIA SPLENDIDULA Gris.

1894. *Tupaia splendidula* THOMAS et HARTERT , Novites Zoologicæ , I , p. 656. Septembre 1894 (Bunguran).

1893. *Tupaia splendidula typica* THOMAS et HARTERT , Novites Zoologicæ , II , p. 489. Décembre 1895 (Bunguran).

Deux spécimens de Bunguran .

TUPAIA LUCIDA (Thomas et Hartert).

1895. *Tupaia splendidula lucida* THOMAS et HARTERT , Novites Zoologicæ , II , p. 490. Décembre 1895 (Pulo Laut).

Sept spécimens (deux dans l'alcool) de Pulo Laut .

TUPAIA SIRHASSENENSIS sp. nov.

1894. *Tupaia tana* THOMAS et HARTERT , Novites Zoologicæ , I , p. 657. Septembre 1894 (Sirhassen).

Taper. — Mâle adulte (peau et crâne) n° 104712 US National Museum. Recueilli sur l'île Sirhassen , South Natunas , le 5 juin 1900. Numéro original 442.

Personnages. — En général semblable aux spécimens de Bornéo de *Tupaia tana* , mais plus petit (pied postérieur 47 au lieu de 52, plus grande longueur du crâne 55 au lieu de 60), les marques grises sur la tête et les épaules sont moins distinctes et le rouge de la queue est plus brillant. Partie rostrale du crâne moins atténuée que chez *Tupaia tana* .

Couleur. — La couleur ressemble si exactement à celle du *Tupaia tana commun de Bornéo* qu'elle n'a pas besoin d'une description détaillée. Gris de la tête plus foncé que chez l'animal de Bornéo et marques claires sur les épaules moins distinctes et nettement définies. Le dessous de la queue est orange-roux clair, devenant ferrugineux vers le bord. (Chez *T. tana,* ces couleurs sont respectivement remplacées par des couleurs ferrugineuses ternes et noisette.)

Crâne et dents. — Le crâne est partout beaucoup plus petit que chez les spécimens de *Tupaia tana* de Bornéo. Dans sa forme, il diffère de celui de *T. tana* par un rostre moins mince et allongé, un casse-tête plus étroit et un auditif légèrement plus court. bulle . Vacuité suborbitale beaucoup plus large que chez *T. tana* . Dents comme chez l'animal de Bornéo.

Des mesures. — Mesures extérieures de type : Longueur totale 355 ; tête et corps 203; vertèbres caudales 152 ; pied arrière 46,4 (44). Moyenne et extrêmes de quatre adultes de la localité type : longueur totale 367 (365-371) ; tête et corps 203; vertèbres caudales 163 (162-168) ; pied arrière 45,4 (44-46,6) ; patte arrière sans griffes 42,5 (41-44).

Mesures crâniennes de type : plus grande longueur 54,6 (61); [25] longueur basale 49 (54) ; longueur basilaire 46,4 (51) ; longueur palatine médiane 48 (53) ; distance entre l'encoche lacrymale et la pointe du prémaxillaire 27,6 (31) ; largeur interorbitale minimale 14,4 (16) ; largeur zygomatique 25 (28,4); mandibule 38 (41) ; rangée de dents maxillaire (derrière le diastème) 20 (21,4) ; rangée de dents mandibulaire (derrière le diastème) 17 (18).

Spécimens examinés. — Cinq, tous de la localité type.

GALEOPITHECUS VOLANS (Linné).

1894. *Galéopithèque volans* THOMAS et HARTERT , Novites Zoologicæ , I , p. 657. Septembre 1894 (Bunguran et Sirhassen).

Deux spécimens de Sirhassen et deux (un jeune en alcool), de Bunguran . Aussi fœtus d'un des spécimens de Sirhassen .

EMBALLONURA ANAMBENSIS Miller.

Quatre spécimens de Bunguran . Ceux-ci s'accordent essentiellement avec l' animal Anamba , mais présentent quelques légères particularités crâniennes.

PIPISTRELLUS SUBULIDENS sp. nov.

Taper. — Femelle adulte (dans l'alcool) n° 104758 US National Museum. Recueilli sur l'île Sirhassen , South Natunas , le 3 juin 1900.

Personnages. — Semblable à *Pipistrellus pipistrellus* (Schreber) par la taille, la couleur et la forme externe, mais crâne avec un rostre plus large et une incisive supérieure interne sans cuspide supplémentaire.

Crâne. — Le crâne est de la même taille que celui de *Pipistrellus pipistrellus* , mais la boîte crânienne est plus étroite et plus allongée, et le rostre est très nettement plus court et plus large. La grande largeur de la partie antérieure du crâne implique également le palais et l'espace interptérygoïdien , tous deux sensiblement plus larges que chez *Pipistrellus pipistrellus* . Audit bulle légèrement plus petite que chez les espèces européennes.

Dents. — Les dents sont essentiellement comme chez *Pipistrellus pipistrellus* , sauf que l'incisive supérieure interne n'a pas de petite cuspide supplémentaire. Dents mandibulaires plus larges que celles de *P. pipistrellus* .

Des mesures. — Mesures extérieures de type : longueur totale 76 ; tête et corps 41 ; queue 33 ; tibia 14 ; pied 6 ; calcar 10; avant-bras 32,4 ; pouce 6 ;

deuxième chiffre 30 ; troisième chiffre 60 ; quatrième chiffre 53 ; cinquième chiffre 43 ; oreille du méat 11 ; oreille de la couronne 9 ; largeur de l'oreille 9,6 ; tragus (mesuré devant) 4.

Mesures crâniennes de type : plus grande longueur 12,4 (12); [26] longueur basale 11,8 (11,6) ; longueur basilaire 9 (9) ; largeur zygomatique 8,4 (8); largeur interorbitale minimale 3,2 (3,2) ; plus grande longueur du casse-tête 8 (7,6); plus grande largeur de casse-tête au-dessus des racines des zygomates 6,6 (6,6) ; mandibule 8,8 (8,4) ; rangée de dents maxillaire (à l'exclusion des incisives) 4,2 (4,2) ; rangée de dents mandibulaires (à l'exclusion des incisives) 4,8 (4,8).

Spécimens examinés. — Six (dans l'alcool), tous originaires de la localité type.

Remarques. — Je ne parviens pas à identifier cette chauve-souris avec aucune espèce décrite. Extérieurement, il est pratiquement identique à *Pipistrellus pipistrellus* sauf que la couleur, pour autant qu'on puisse en juger à partir des spécimens conservés dans l'alcool, est plus noirâtre. À l'intérieur, il se distingue facilement par les caractères du crâne et des dents. De *Pipistrellus abramus* , il diffère extérieurement par une taille plus petite, des oreilles plus étroites et par l'absence de tout développement inhabituel du pénis. Les incisives diffèrent de celles de *P. abramus* de la même manière que de celles de *P. pipistrellus* .

HIPPOSIDEROS LARVATUS (Horsfield).

Deux spécimens (un dans l'alcool) ont été collectés sur l'île Sirhassen , les 6 et 7 juin 1900.

RHINOLOPHUS AFFINIS (Horsfield).

Un spécimen gravement endommagé de Bunguran semble correspondre au *Rhinolophus affinis* typique . L'avant-bras ne peut pas être mesuré, mais le troisième doigt mesure 75 mm. en longueur. Tibia 21, pied 10,4 , oreille à partir du méat 21. Crête du museau sous le bord de la feuille nasale basse, large et poilue, ne suggérant en rien une foliole supplémentaire.

RHINOLOPHUS SPADIX sp. nov.

1894. *Rhinolophus affinis* THOMAS et HARTERT , Novites Zoologicæ , II , p. 656. Décembre 1895 (Sirhassen).

Taper. — Femelle adulte (dans l'alcool) n° 104752 US National Museum. Recueilli sur l'île Sirhassen , South Natunas , juin 1900.

Personnages. — En général comme *Rhinolophus affinis* mais beaucoup plus petit. Couleur brun fauve uniforme. Museau avec des folioles supplémentaires distinctes.

Museau. — Museau et nez exactement comme chez *Rhinolophus affinis* , sauf que la crête du museau sous le bord du fer à cheval se développe en une foliole supplémentaire distincte ressemblant à celles présentes chez *Hipposideros* . Sous ce rapport, *Rhinolophus spadix* ressemble à l'animal de Birmanie que Thomas rapporte à *Rhinolophus rouxii* ; [27] mais la partie terminale dressée de la feuille nasale n'est ni raccourcie ni de forme particulière.

Oreilles. — Les oreilles ressemblent à celles de *Rhinolophus affinis* , sauf qu'elles sont moins grandes.

Couleur. — Fourrure partout rousse, légèrement plus pâle sur la face ventrale, plus foncée et quelque peu teintée de noisette dessus. Oreilles et membranes brun foncé.

Crâne et dents. — Le crâne et les dents ressemblent exactement à ceux des spécimens continentaux de *Rhinolophus affinis* , à l'exception de leur taille uniformément plus petite.

Des mesures. —Mesures externes de type : longueur totale, 70 (85 [28]); queue 21 (23); tibia 17,6 (24) ; pied 8 (10); calcar 12 (13); avant-bras 43 (51); pouce 8 (8,6); deuxième chiffre 32 (40); troisième chiffre 64 (77); quatrième chiffre 53 (61); cinquième chiffre 54 (63); oreille du méat 17 (20) ; oreille de la couronne 14 (17) ; longueur de la feuille nasale à partir de la lèvre 13 (16) ; plus grande largeur de la feuille nasale 8 (9).

Mesures crâniennes de type : plus grande longueur 18 (23) ; longueur basale 16 (20,4); longueur basilaire 14,6 (18) ; largeur zygomatique 9 (11); largeur interorbitale minimale 2,4 (2,4) ; plus grande longueur de casse-tête 10,4 (13) ; plus grande largeur de casse-tête au-dessus des racines des zygomates 8 (9,4) ; profondeur fronto-palatine (au milieu de la série molaire) 4 (4,8) ; profondeur du casse-tête 6 (7); mandibule 11,8 (15) ; rangée de dents maxillaire (à l'exclusion de l'incisive) 6,8 (9); rangée de dents mandibulaires (à l'exclusion des incisives) 7 (9,8).

Spécimens examinés. — Trois (une peau), tous issus de la localité type.

Remarques. — *Rhinolophus spadix* se distingue si facilement de ses parents du groupe *R. affinis* qu'il ne nécessite aucune comparaison particulière. C'est un animal beaucoup plus petit que l'espèce des Anambas que j'ai récemment appelée *R. rouxii* . [29] En couleur, ce dernier est d'un brun terne qui ne ressemble en rien au roux de *R. spadix* .

CYNOPTERUS MONTANOI Robin.

1894. *Cynopterus marginé* THOMAS et HARTERT , Novites Zoologicæ , I , p. 655. Septembre 1894 (Sirhassen et Bunguran).

1899. *Cynopterus montanoï* MATSCHIE , Die Fledermäuse des Berliner Museums für Naturkunde , p. 75. Août 1899. (Enregistrement Natuna de *C. marginatus* placé en synonymie de *C. montanoi* .)

Cinq spécimens (trois peaux) de Sirhassen . Ceux-ci concordent si étroitement avec une peau et deux spécimens alcoolisés blanchis de Singapour, que je suppose être les mêmes que le Malaccan *Cynopterus* . *montanoi* , que sans plus de matériel, il est impossible de distinguer l' animal Natuna de celui de l'extrémité sud de la péninsule malaise. *Cynopterus montanoi* ainsi compris diffère de *C. angulatus* Miller [30] du Bas Siam par son crâne plus élancé et par l'absence du bord blanc de l'oreille, et de *C. titthæcheilus* (Temminck) de Sumatra et Java par sa taille visiblement plus petite. .

PTEROPUS VAMPYRUS (Linné).

1894. *Ptéropus vampire* THOMAS et HARTERT , Novites Zoologicæ , I , p. 655. Septembre 1894 (Bunguran).

1895. *Ptéropus vampire* THOMAS et HARTERT , Novites Zoologicæ , II , p. 489. Décembre 1895 (Bunguran).

Six skins de Bunguran .

? PTEROPUS HYPOMELANUS Temminck .

1894. *Ptéropus hypomélanus* THOMAS et HARTERT , Novites Zoologicæ , I , p. 655. Septembre 1894 (Sirhassen).

1895. *Ptéropus hypomélanus* THOMAS et HARTERT , Novites Zoologicæ , II , p. 489. Décembre 1895 (Pulo Pandak , Pulo Panjang et Pulo Laut).

Huit (un en alcool) de Sirhassen et sept (un en alcool) Pulo Laut . Il est fort probable que ces spécimens représentent une espèce distincte du vrai *Pteropus hypomélanus* de Ternate.

NYCTICEBUS TARDIGRADUS (Linné).

1894. *Nycticébus tardigrad* THOMAS et HARTERT , Novites Zoologicæ , I , p. 655. Septembre 1894 (Bunguran).

1895. *Nycticébus tardigrad* THOMAS et HARTERT , Novites Zoologicæ , II , p. 489 (Bunguran).

Un spécimen de Bunguran .

MACACUS 'CYNOMOLGUS' Vente aux enchères .

1894. *Macacus cynomolgus* THOMAS et HARTERT , Novites Zoologicæ , I , p. 654. Septembre 1894 (Bunguran).

1895. *Macacus cynomolgus* THOMAS et HARTERT , Novites Zoologicæ , II , p. 489. Décembre 1895 (Bunguran).

Un spécimen de chacune des îles suivantes : Sirhassen , Pulo Lingung et Pulo Laut .

SEMNOPITECUS CRISTATUS (Tombages).

Deux singes de Sirhassen semblent appartenir à cette espèce.

SEMNOPITHECUS NATUNÆ Thomas et Hartert .

1894. *Semnopithèque natunæ* THOMAS et HARTERT , Novites Zoologicæ , I , p. 652. Septembre 1894 (Bunguran).

1895. *Semnopithèque natunæ* THOMAS et HARTERT , Novites Zoologicæ , II , p. 489. (Bunguran .)

Dix spécimens de Bunguran .

NOTES DE BAS DE PAGE

[1] Pour l'emplacement des îles Natuna , voir Proc. Washington Acad. Sci., II , p. 204. 20 août 1900.

[2] Thomas (O.) et Hartert (E.). Liste de la première collection de mammifères des îles Natuna . Novite Zoologicæ , I , pp. 652-660. Septembre 1894.

Thomas (O.). Déterminations révisées de trois des rongeurs Natuna . Novite Zoologicæ , II , pp. Février 1895.

Thomas (O.) et Hartert (E.). Sur une deuxième collection de mammifères des îles Natuna . Novite Zoologicæ , II , pp. 489-492. Décembre 1895.

Bonhote (J. Lewis). Sur les écureuils du groupe bicolore Ratufa (Sciurus). Anne. et Mag. Nat. Hist., 7e série, V , pp. 490-499. Juin 1900.

Thomas (O.). L'écureuil volant roux des îles Natuna . Novite Zoologicæ , VII , p. 592. 8 décembre 1900.

Bonhote (J. Lewis). Sur les écureuils du groupe Sciurus Prevostii . Anne. et Mag. Nat. Hist., 7e sér., VII , pp. 167-177. Février 1901.

[3] L'« Avis d'une espèce de Tupaia de Bornéo, dans la collection du British Museum » de Gray dans les Actes de la Zoological Society of London pour 1865 (p. 322) peut être ajouté à la bibliographie des mammifères Natuna, car le L'animal décrit, bien que supposé avoir été capturé à Bornéo, est apparemment confiné à l'île de Bunguran , la plus grande des Natunas .

[4] *Mégaderma spasme* , *Myotis muricola* , *Taphozous mélanopogon* , *Mydaus meliceps* , *Paradoxurus hermaphroditus* , *Lutra sumatrana* et *Mus ephippium* .

[5] Voir les articles déjà cités, ainsi que les Novits Zoologicæ , I , p. 468 (lettre de M. Everett); *ibid.* , MOI , p. 483 (note sur les obus terrestres par M. E. Smith), *ibid.* , II , p. 478 (Oiseaux); *ibid.* , II , p. 499 (Reptiles).

[6] Sitz.- Berich . der Gesellsch . Naturforschender Freunde zu Berlin, 1893, p. 224.

[7] Pour l'opportunité d'examiner le crâne d'un homme adulte de Balabac , je suis redevable à la courtoisie de M. DG Elliot. Une photographie (légèrement réduite) de ce spécimen a été publiée par M. Elliot en 1896 (Field Columbian Museum, Publication II , Zoological Series, I , No. 3, pl. XI , mai 1896).

[8] Les mesures entre parenthèses sont celles d'un topotype mâle adulte de *Tragulus nigricans* .

[9] Les mesures entre parenthèses sont celles d'un spécimen moins mature de Bunguran .

[10] Les mesures entre parenthèses sont celles d'un spécimen Tenasserim (femelle) de *Sus cristatus* si jeune que la molaire postérieure n'est pas complètement en place.

[11] Dernière molaire pas complètement développée.

[12] Voir Proc. Biol. Soc. Washington, XIII , pl. III et IV .

[13] Mesure du collectionneur.

[14] Les mesures entre parenthèses sont celles du type *Mus validus* .

[15] Dans le type de *Mus mülleri*, le diastème est de 12 mm.

[16] Anne. et Mag. Nat. Hist., 6e sér., XIV , p. 450. Décembre 1894.

[17] Les mesures entre parenthèses sont celles d'un topotype mâle adulte de *Sciurus tenuis* .

[18] Les mesures entre parenthèses sont celles d'un spécimen plus ancien de *Sciurus natunensis* de Sirhassen .

[19] Les mesures entre parenthèses sont celles d'un *Sciurus notatus adulte* de Bornéo.

[20] Les mesures entre parenthèses sont celles d'un *Sciurus notatus* de Bornéo adulte .

[21] Les mesures entre parenthèses sont celles du type *Ratufa mélanopéplas* .

[22] Dents très usées et beaucoup d'entre elles absentes.

[23] Les mesures entre parenthèses sont celles d'un jeune adulte *A. stigmatica* du nord britannique de Bornéo.

[24] Les mesures des dents proviennent d'un spécimen plus jeune (mâle) avec une dentition parfaite.

[25] Les mesures entre parenthèses sont celles d'un mâle adulte *Tupaia tana de Bornéo* .

[26] Les mesures entre parenthèses sont celles d'un crâne adulte de *Pipistrellus pipistrellus* de Suisse.

[27] Anne. Mus. Civ. di Histoire Nat. di Genova, Ser. 2, X , p. 923, pl. XI , 1892.

[28] Les mesures entre parenthèses sont celles d'une femelle adulte *Rhinolophus affinis* de Trong , Bas-Siam.

[29] Proc. Washington Acad. Sci., II , p. 234. 20 août 1900.

[30] Proc. Acad. Nat. Sci. Philadelphie, 1898, p. 316. Juillet 1898.

www.ingramcontent.com/pod-product-compliance
Lightning Source LLC
LaVergne TN
LVHW040519200726

843493LV00017B/2856